大艺术家讲萌趣动物

长颈鹿

[法] 蒂埃里·德迪厄◎著/绘　　郑宇芳◎译

四川科学技术出版社

《美丽中国》纪录片副导演　杨晔

从我记事开始，动物总是相伴于我的生活和成长。下雨天，门前马路上跳过的青蛙，动物园里在笼中徘徊的黑豹，小学毕业旅行时在青海湖见到的一群斑头雁，初中在操场做操时飞过树林的一只大猫头鹰……这些记忆伴随着我的成长，为一个孩子的童年带来了无限的快乐和梦想。

那时，互联网还没有普及，想要了解动物知识并非易事，介绍动物的科普书大部分是文字版的，而且充满了各种专业名词，对于一个刚刚识字的孩子来说，只能望书兴叹。毕业后，我进入英国广播电视公司（BBC）自然历史部，从事野生动物纪录片的相关制作工作。在工作之余的闲暇时光，我和同事们一起吃饭聊天，才知道他们并不一定是野生动物专业科班出身，但他们从小都非常热爱自然、热爱动物。他们通过各种渠道来了解动物们的种种故事，而图书，特别是那些制作精美、画面生动的科普图画书，曾在他们幼小的心灵里播撒下了科学的种子，激起了他们对自然的热爱、对动物保护的兴趣，促使他们将这种热爱和兴趣发展成为职业，从而开始了动物保护事业。

今天，我很高兴可以和大家聊聊这样的科普图画书。这套《大艺术家讲萌趣动物》由法国著名的艺术家、图画书作家蒂埃里 · 德迪厄创作，他在法国享有盛名，曾荣获女巫奖、龚古尔文学奖等重要奖项。为了表彰他在儿童文学领域取得的巨大成就，2010年，他被授予法国儿童图书大奖——“魔法师特别大奖”。他的画风简洁、活泼可爱，文笔则透露出机智和幽默，深受小朋友们的喜爱。这套专门为学龄前儿童创作的图画书简约但不简单，作者精心选取了自然界中孩子们最感兴趣的多种动物，用幽默风趣的绘画和简洁明了的文字描绘了这些动物或广为人知，或普通人鲜有耳闻的行为和习性，从而帮助孩子们走近和了解这些动物。通过阅读这些书，孩子们了解到：童话中的大灰狼在现实中也有它害怕的天敌；勤劳的蜜蜂是舞蹈高手，因为它们要通过跳舞来传递信息；大猩猩和人类一样，也会使用工具；雄狮的工作不是捕食，而是巡视领地……这些知识对孩子们而言十分容易理解和接受，孩子们通过阅读，能感受动物世界的神奇与美好，而这也正是作者希望通过这些书传递给小读者们的情感。

作为一名科普教育工作者，我为孩子们有机会读到这样的优质图书而高兴。希望孩子们在阅读之后，能更好地感知和认识动物的生存价值，尊重和爱护它们；将动物当作人类真正的朋友，不去伤害它们，和它们和平共处，共同维护更加美好的地球家园。

让我们一起走进美好的动物世界，去感受自然的神奇和伟大吧！

“为了能更好地
观察长颈鹿，
我叫了几个朋友
来帮忙。”

长颈鹿是陆地上

现存最高的动物，

站立高度可达8米！

和奶牛一样，长颈鹿是哺乳动物、

有蹄动物、反刍动物、草食动物。

长颈鹿把舌头当作手来用。

长颈鹿几乎不睡觉，

每天沉睡20来分钟就足够了。

剩余的时间，都在吃东西。

长颈鹿有一颗巨大的心脏，
能帮助它把血液输送到大脑。
它的心脏重达11千克！

长颈鹿头上的角是骨质的，外面包裹着皮肤。

雌性长颈鹿的角上长有茸毛。

牛椋鸟吃掉长颈鹿身上的寄生虫，

帮助它清理身体。

长颈鹿宝宝出生时，

会从2米的高空落地！

为了能喝到水，长颈鹿需要叉开双腿。

这时也是它最容易被攻击的时候。

当长颈鹿成年后，

狮子、猎豹等大型食肉动物是它的主要天敌。

“乖，站着别动，
一点儿都不要动。”

阅读拓展

许多小朋友去逛动物园的时候，总有几个固定的参观目标，比如大象、熊猫和猴子。还有谁呢？必须是长颈鹿呀。我们总是远远地就能看到长颈鹿那高大的身躯。长颈鹿优雅地走来走去，不时伸出长长的舌头卷起一串树叶。走近仔细瞧瞧，那长长的睫毛、迷人的大眼睛、紫色的长舌头，不愧是动物界的大明星。

作为全世界最高的动物，长颈鹿的颈椎和我们人类一样，都只有七块，当然，每一块都比我们的长很多，而且周围长有很强壮的肌肉。长脖子给长颈鹿带来了便捷，让它能够轻松地从树上获取鲜嫩多汁的叶子；但也带来了很多负担，为了适应长脖子带来的压力，长颈鹿不得不持续地“改造”自己：延长的颈椎和神经细胞、异于其他动物的极高血压、布满黏液的舌头、长长的睫毛和大眼睛。这些进化都是自然选择的结果。

图书在版编目（CIP）数据

大艺术家讲萌趣动物．长颈鹿 /（法）蒂埃里・德迪厄著、绘；郑宇芳译．-- 成都：四川科学技术出版社，2021.8
ISBN 978-7-5727-0213-6

Ⅰ．①大… Ⅱ．①蒂… ②郑… Ⅲ．①动物 - 儿童读物②长颈鹿科 - 儿童读物 Ⅳ．① Q95-49 ② Q959.842-49

中国版本图书馆CIP数据核字(2021)第156547号

著作权合同登记图进字21-2021-257号
La girafe
By Thierry Dedieu

大艺术家讲萌趣动物・长颈鹿

DA YISHUJIA JIANG MENG QU DONGWU · CHANGJINGLU

出 品 人	程佳月		
著 者	［法］蒂埃里・德迪厄		
译 者	郑宇芳		
责任编辑	梅 红		
助理编辑	张 姗		
策 划	奇想国童书		
特约编辑	李 辉		
特约美编	李困困		
责任出版	欧晓春		
出版发行	四川科学技术出版社 成都市槐树街2号 邮政编码：610031 官方微博：http://weibo.com/sckjcbs 官方微信公众号：sckjcbs 传真：028-87734035		
成品尺寸	180mm × 260mm	印 张	2
字 数	40千	印 刷	河北鹏润印刷有限公司
版 次	2021年10月第1版	印 次	2021年10月第1次印刷
定 价	16.80元	ISBN 978-7-5727-0213-6	

本社发行部邮购组地址：四川省成都市槐树街2号 电话：028-87734035 邮政编码：610031